电脑服装效果图表现技法

殷薇 著

中国纺织出版社有限公司

内 容 提 要

本书从培养时装设计师的电脑时装效果图绘制技法、能力出发，按照设计师应具备的基本专业能力编排章节内容。本书共分五章，分别介绍了电脑时装效果图的人体表现、时装基础表现、时装的材质表现、配饰表现、时装效果图综合表现应用，配合具体示例图片和文字进行诠释，全面展示了时装设计效果图的整体绘制过程和绘画技巧。

本书既可以作为高等院校设计专业学生的辅助教材，也可以作为服装艺术设计专业人员及时装设计爱好者学习的参考书籍。

图书在版编目（CIP）数据

电脑服装效果图表现技法 / 殷薇著 . -- 北京：中国纺织出版社有限公司，2021.6

ISBN 978-7-5180-8486-9

Ⅰ . ①电… Ⅱ . ①殷… Ⅲ . ①服装设计 — 计算机辅助设计 — 高等学校 — 教材 Ⅳ . ①TS941.26

中国版本图书馆 CIP 数据核字（2021）第 067933 号

责任编辑：宗　静　特约编辑：李淑敏
责任校对：王蕙莹　责任印刷：王艳丽

中国纺织出版社有限公司出版发行
地址：北京市朝阳区百子湾东里 A407 号楼　邮政编码：100124
销售电话：010 — 67004422　传真：010 — 87155801
http://www.c-textilep.com
中国纺织出版社天猫旗舰店
官方微博 http://weibo.com/2119887771
北京华联印刷有限公司印刷　各地新华书店经销
2021 年 6 月第 1 版第 1 次印刷
开本：787×1092　1/16　印张：8.5
字数：210 千字　定价：68.00 元

　　电脑时装效果图是借助绘画设计工具（画笔、计算机、数位板等）和计算机设计软件，以服装人体为基础，通过丰富的艺术表现方法来体现人体动态、服装造型和模特着装整体状态的一种艺术类画种，是学习服装设计最基本的技能。只有具备良好的绘画技能，才能对服装进行深层次的设计表达。电脑时装效果图也逐渐成为衡量服装设计者的审美能力和创作能力的重要标杆。随着信息技术和绘画软件的日益更新，电脑时装图在近年来运用得越来越广泛，不管是在服装设计专业赛事上，还是企业对服装设计人员的从业要求上，电脑时装效果图正在逐步取代传统的手绘效果图。电脑软件绘图在服装材质的表现、服装设计思路的传达、设计图的修改和保存、绘图的效率等方面，都有着传统手绘所无法比拟的优势，这也是电脑时装效果图越来越受到社会大众和服装设计爱好者青睐的重要原因。此外，通过电脑绘画表现这一手段，拓展了设计师的服装设计思维空间，使其把自己的想法、创意运用各种不同的绘图工具和表现手法淋漓尽致地表现出来，使时装艺术的绘画表现力突破传统绘画手法的局限性，利用这一强大的表现方法给服装设计领域注入更多的灵感。

　　个人要学好电脑时装效果图，不仅要掌握电脑软件的使用，还需要有良好的绘画基础和服装专业知识，这不是一朝一夕的事情，需要在大量的练习中不断熟悉各项要领，才能提升电脑时装效果图的绘画能力，才能绘制出具有自己风格的优秀时装效果图作品。笔者想通过此书，让读者感受电脑时装效果图的艺术魅力，将笔者在绘制时装效果图时的心得

体会，以作品的形式传递给大家，给爱好服装设计的朋友们一点启发和建议。本书旨在与读者进行更广泛的交流，如有不足和疏漏之处，敬请专家和读者批评和指正。

最后，感谢在忙碌交织的岁月里一路陪伴的家人和朋友，感谢所有在本书出版过程中曾经帮助过我的良师益友，以及在本书中所引用的文献的作者们。

目　录

第一章　时装效果图人体表现技法 ……………………………… 1

　1.1　人体整体与局部的比例 ……………………………… 2
　1.2　人体姿态与重心的关系 ……………………………… 4
　1.3　头部比例与五官特征 ………………………………… 5
　1.4　四肢的绘画表现 ……………………………………… 7
　1.5　发型的绘画表现 ……………………………………… 10
　1.6　人体动态表现 ………………………………………… 12

第二章　时装效果图基础表现技法 ……………………………… 13

　2.1　线条的表现 …………………………………………… 14
　2.2　服装褶皱的表现 ……………………………………… 18
　2.3　服装配饰的表现 ……………………………………… 25

第三章　时装电脑效果图材质表现技法 ………………………… 33

　3.1　绸缎的表现 …………………………………………… 34
　3.2　皮革的表现 …………………………………………… 36
　3.3　格子呢的表现 ………………………………………… 37
　3.4　纱与蕾丝的表现 ……………………………………… 39
　3.5　针织面料的表现 ……………………………………… 42
　3.6　棉麻面料的表现 ……………………………………… 44
　3.7　牛仔面料的表现 ……………………………………… 45

3.8 毛皮的表现 ································· 46

3.9 镂空面料的表现 ···························· 49

3.10 图案面料的表现 ···························· 52

第四章　服饰品电脑效果图的设计与表现 ············· 57

4.1 头饰效果图的设计与表现 ···················· 58

4.2 包配效果图的设计与表现 ···················· 61

4.3 鞋饰效果图的设计与表现 ···················· 66

第五章　时装电脑效果图的设计与表现 ··············· 69

5.1 女装效果图的设计与表现 ···················· 70

5.2 男装效果图的设计与表现 ···················· 94

5.3 童装效果图的设计与表现 ···················· 115

参考文献 ·· 130

第一章

时装效果图人体表现技法

1.1 人体整体与局部的比例

在绘制人体的时候，首先要确定模特的身高，从头顶到脚跟可分为7~9等分（图1-1）。女性的身体比男性身体稍微窄一些，腰部长度小于一个头长，手腕垂于大腿根部稍下的位置，双肘大概在齐平于肚脐位置。一般在绘制服装效果图的时候可以适当加长小腿部位（图1-2~图1-4）。[1]男性肩宽大约为两个头长（图1-5~图1-7）。儿童体型特征是头大、下肢短、上肢显得长，5岁左右的儿童身高一般为6个头长，3岁左右的儿童一般为5个头长，3岁以下幼儿的身高一般为4个头长[2]（图1-8~图1-10）。

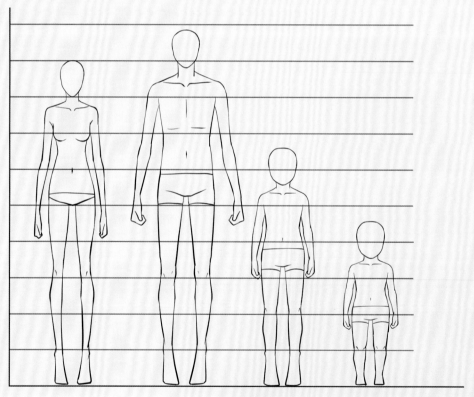

图1-1 人体比例分配图

图1-2　女性人体框架图

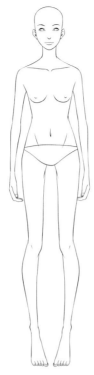

图1-3　女性人体

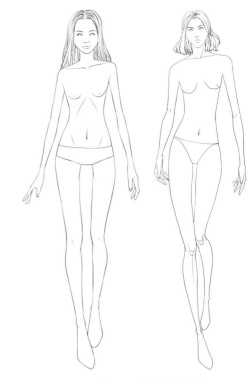

图1-4　女性人体示例

图1-5　男性人体框架图

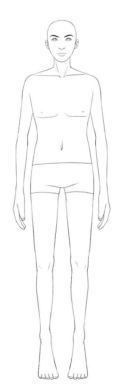

图1-6　男性人体

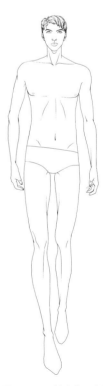

图1-7　男性人体示例

图 1-8　儿童人体框架图　　　　　图 1-9　儿童人体　　　　　图 1-10　儿童人体示例

1.2　人体姿态与重心的关系

　　掌握人体的重心平衡要注意肩和臀的关系，盆骨偏移可以让人物动态更加优美。重心线是两锁骨中心向地面所作的一条垂直线，以表示人体重心所在，如果失去重心，那么所画的动态人体就会倾斜，不能站立于画面之中。时装画人体动态的重心可以在两足之间；也可以一条腿作为支撑腿，而另一条腿作为动态腿。人体姿态最重要三条线——肩线、髋线、重心线，画人体要仔细体会这三条线。时装人体姿态的基础是速写写实人体，写实人体是尊重客观对象的。而时装人体经过艺术处理，肩、腰、髋的动态更明显，姿态更夸张，四肢更加修长、舒展[3]（图 1-11 ）。

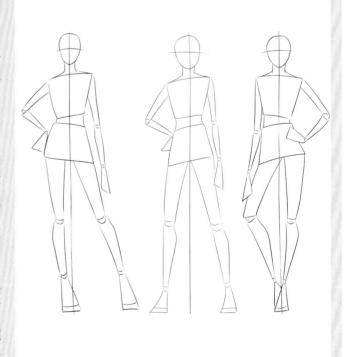

图 1-11　人体姿态与重心的关系

1.3 头部比例与五官特征

在表现五官时，通常用"三停五眼"来安排它们在面部的位置。从头顶至下颌骨作一条左右对称的垂直线，这条线为面部中心线，在中心线的1/2处作一条水平线，此为眼角连线。头顶骨与前额骨的交界线附近为发际线的位置，由发际线到下颌，在中心线上用水平线画出三等份，由发际线往下，第一条线为眉线，第二条线为鼻底线，我们通常将这三等份称为"三停"。从两耳内侧，在眼角连线上分成五等份，因为等分线的长度与眼睛的长度相等，因此被称为"五眼"。当头部处于非正面时，五官的位置线会产生透视变化。头向左或向右转动时，"三停"会向转动的方向逐渐变窄，"五眼"也会向转动的方向逐渐变短；头上仰时，"三停"会向上方逐渐变短；低头时，"三停"会向下方逐渐变短。[2]

1.3.1 眼睛的表现

眼睛最重要的作用是表现神情，在绘制的时候要注重线条的轻重、虚实，一般上眼睑要画重一些，眼尾比眼头颜色重。仰视的眼睛上眼睑比下眼睑弧度大，俯视的眼睛则是下眼睑比上眼睑的弧度大（图1-12、图1-13）[3]。

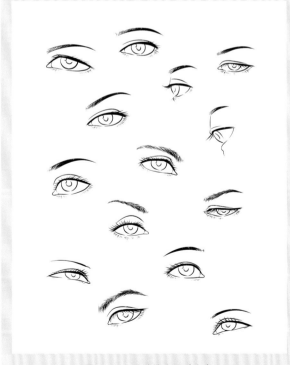

图 1-12 眼睛的表现（女）

图 1-13 眼睛的表现（男）

1.3.2　鼻子的表现

鼻子的结构主要由鼻骨、鼻翼软骨、鼻孔组成。时装效果图中经常用省略的手法来画鼻子，鼻子的表现要把重点放在把握大形和方向上，鼻子一般不用过多刻画，只要简单画出鼻梁和鼻底就可以（图1-14）。

1.3.3　嘴的表现

嘴的上方有人中，接下来依次有上唇、上唇结节、嘴角、唇侧沟、下唇、颏唇沟。嘴唇的形状呈弧型趋势。一般唇形会随时代审美改变而变化，嘴唇是表达模特情感、显露模特个性特征的重要部位，可以重点刻画。上嘴唇结构和嘴角是嘴的主要的特征，可以着重表现，一般上唇比下唇略微长，稍微向前突出，以体现嘴唇的立体感，而下嘴唇应突出光泽度及色彩表现。嘴部绘画时切忌用笔过多，要注意其明暗虚实变化（图1-15）。

图1-14　鼻子的表现　　　　　　　　　　　图1-15　嘴的表现

1.3.4　耳朵的表现

耳朵的结构主要由外耳轮、耳屏、三角窝、耳垂等组成。耳朵的具体位置是在眉线至鼻底线之间。耳朵在五官中处于不太重要的位置，在实际时装效果图绘制过程中，耳朵经常被简化处理或省略。绘画重点是在确定其位置、大小，与头部的比例和对不同角度耳朵外轮廓的描绘（图1-16）。

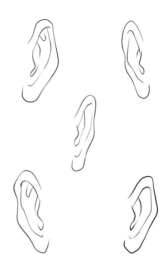

图 1-16　耳朵的表现

1.4 四肢的绘画表现

1.4.1　手臂的绘画表现

　　和时装画人体一样，时装画中的手臂也是一个理想化的类型，可以在骨骼和肌肉的基本范围里做拉长、简化处理。手臂比例是前臂长度与上臂等长。个人可练习常用的手臂姿势，注意观察手臂上曲线的微妙变化。手臂的宽度从肩膀到肘关节逐渐变细，肘关节以下宽度又变粗，当到手腕时，就变得更加细了。[7]必须时刻牢记手臂是立体的，具有空间造型。可用曲线、圆等简略的方法将手臂表现出来，在关节处画出骨骼的轮廓（图1-17）。

1.4.2　手的绘画表现

　　时装效果图中手的表现有一定难度，它是在正常手形的基础上经过适度的夸张而完成的。通常不要把手画得太小，否则和拉长的人

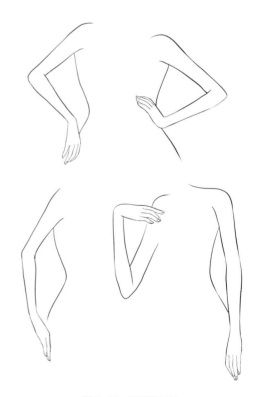

图 1-17　手臂的画法

体不成比例。手是由腕骨、掌骨、指节骨三个部分构成。[5]腕骨上接手臂的尺骨和桡骨，下接掌骨，起到屈伸与滑动的作用。手腕的形体较小，外表不明显，容易被忽略，但在时装画中必须将其表现出来，对手的描绘不仅要了解其结构，同时还要认识和把握手形的外部特征。手的掌部呈六边形，手指从指根到指尖逐渐变窄，合并手指时，可把手归纳成一个从旁侧伸出拇指，下面伸出其他手指的浅长方形盒子；张开手指时，手的形状呈扇形。

描绘手形时，可将拇指和其他四个手指分两部分处理。拇指、食指和小指的表现力较强，我们通常以这三指的特点来画手的形态。先确定手掌的宽度、手指的长度、食指和小指的位置，把食指、中指、无名指和小指作为一个整体来画，注意这四个手指的指缝位置比较接近，拇指缝离它们较远。手的结构比较复杂，在时装效果图中，重点要放在手的外形和整体姿态的表现上。注意观察指关节的弧度。如果能够很好地掌握这些关节，就能很好地画出漂亮的手部形态。线条应纤细柔美，画女性的手时，手指部分适当拉长，手掌部分稍短。注重表现女性手指的纤细、修长，不强调指关节的刻画和突出。但男性手的刻画则线条要有力度，手型粗壮、方直有力量感（图1-18）。

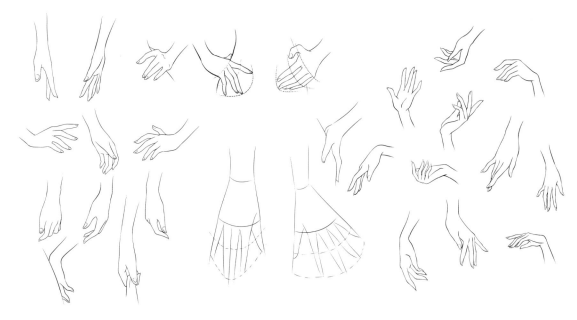

图1-18　手的绘画表现

1.4.3　脚的绘画表现

脚由脚趾、脚掌和脚后跟三个主要部分组成，三者构成一个拱形的曲面。站立时一般是脚趾部分和脚后跟着地。脚的内踝大而高，外踝低而小，这两个骨点对于表现脚的特征有着重要作用。脚面外侧向趾端方向逐渐变薄。脚趾可分大脚趾和其余四趾，大趾粗而外突，其余四趾弯而弓，大趾和小趾向内倾，中间三趾微向外倾。表现脚时，要注意观察脚和小腿的关系，确定脚的方向和透视特点，在脚的大形上安排好脚趾的位置和比例，并且在长度上必须稍加夸张，使脚的长度接近头的尺寸，甚至有时大于头的尺寸。在时装效果图中，脚一般都是借助鞋的造型结构来表现的，单纯刻画脚的时候比较少。虽然鞋的式样千变万化，但都脱离不开脚的形态特征。两只脚的面向是各自略朝外前方的，形成一个"八"字形。行走时两只脚由于透视的关系。前面的一只脚应画得大一些，落点稍低；后面的一只脚小一些，落点稍高。

女性在穿着高跟鞋时，鞋跟越高，从正面和3/4面看脚就越长；如果穿平底鞋，从正面看脚就显得短而宽了。我们可以把侧面的脚形归纳为直角三角形，鞋跟越高，其一条直角边则越长。但正面角度就很难用简单的几何形体来概括，要通过脚部的写生和临摹来加强对脚和鞋的结构理解，从而表现出正确的透视关系。另外，在表现鞋时，鞋带、缝线、分制线等细节的加入也会有助于把鞋画得真实可信（图1-19）。

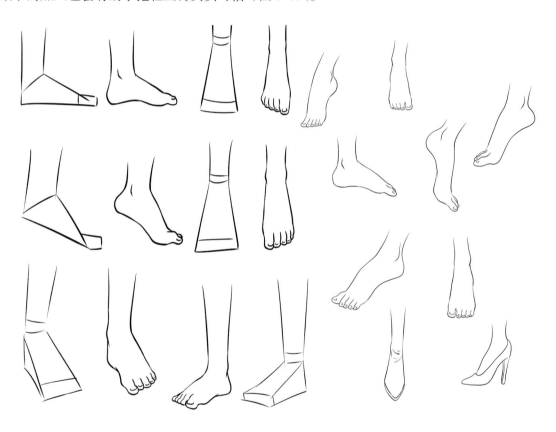

图1-19　脚的绘画表现

1.5 发型的绘画表现

　　首先按照短发、长发的造型进行分类，在头型外围添加头发；其次描绘头发时要分缕，注意头顶、前面、侧面、后面各部分所占面积及发丝方向。画头发要从发根画起，不可从中途画起或停顿。头发末端应该变尖细。头发外部线条应画深些，靠脸部和头发多处也要稍深些（图1-20、图1-21）。

图 1-20　发型的绘画表现（女）

图 1-21　发型的绘画表现（男）

1.6 人体动态表现

　　漂亮的人体动态可以让服装富有活力，一种适合服装的人体姿势也能更好地诠释服装传达给人的感觉（图1-22）。[1]

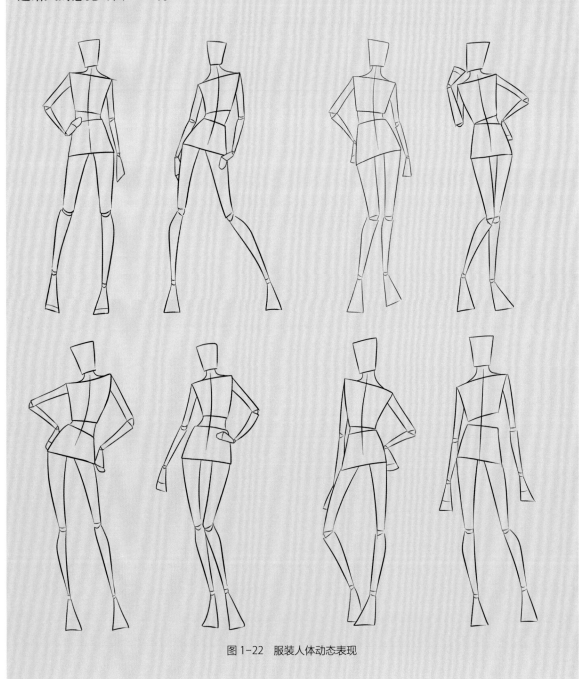

图1-22　服装人体动态表现

第二章
时装效果图基础表现技法

2.1 线条的表现

　　线是中国画的重要造型手段，历代画家用线条这种独特的绘画语言形成了自己作品的特色，在时装效果图中，线也是重要的造型基础，能体现时装效果图的风格和个性特征。线的表现方法有勾勒、转折、顿挫、浓淡、虚实等。时装效果图的用线源于绘画的用线，但又区别于纯绘画的用线。效果图中的用线要求整体、简洁、洒脱、高度概括和提炼，以突出表现服装的造型结构、面料肌理和服装的整体艺术感觉为目的。[5]

2.1.1 勾线

　　勾线的特点是线条挺拔刚劲、清晰流畅，与中国画中的铁线描相类似，线条均匀，多为直线，转折处方、硬、有力，线条硬折，似铁丝弄弯的形态。在时装效果图表现中，勾线一般是用来表现那些轻薄、韧性强的面料，如天然丝织物、人造丝织物、天然棉麻织物、人造棉麻织物、现代轻薄型精纺织物等。由于这类面料的内部成分和织纹组织各有不同，其外观的感觉各有差别。因此，在用线上需要顺应面料的各种感觉，例如，丝织物的线条应长而流畅，棉织物的线条应短而细密，而麻织物的线条则应挺而刚硬。在用笔上要注重表现这些外观特征，使服装的造型呈现出一种规整、细致、高雅的效果并富有一定的装饰性（图2-1~图2-3）。

图2-1　女休闲装勾线时装效果图线稿

图 2-2 男休闲装匀线时装效果图线稿

图 2-3 童装匀线时装效果图线稿

2.1.2 粗细线

粗细线类似传统绘画中的柳叶描，用笔两头细，中间行笔粗，虚入虚出。在时装效果图表现中，粗细线的特点是线条粗细兼备、生动多变。粗细线一般是用来表现一些较为厚重、柔软而悬垂性强的面料，如纯毛织物、毛料混纺织物、仿毛织物等。此类织物肌理感觉圆满而柔顺。用线力求刚柔结合，灵活生动，使服装的造型具有一定的体积感（图2-4）。

图2-4　粗细线时装效果图线稿表现

2.1.3 不规则线

不规则线的用笔常常借鉴和吸取传统艺术形式中的线条感觉，如石刻、画像砖、汉瓦当及青铜器的用线，其线条古拙苍劲、浑厚有力。也类似于传统绘画中的橄榄描，行笔稍细，粗细变化大，用笔最忌讳两头有力，中间虚弱，应当起收极轻，中间沉着，属于虚起虚收。在时装效果图表现中，不规则线一般适合表现那些外观凹凸不平、粗质感的面料，如各种粗纺织物、编织物等。同时，不规则线并不完全局限于这种勾法，也可以用其他笔画出各种表现粗质感的线。不规则线能使服装造型呈现出一种大体量和厚重感如图2-5、图2-6所示的笔压为0，如图2-7所示笔压为100，如图2-8所示笔压为200，如图2-9所示从左到右为笔压0～200不同呈现效果的对比。

图 2-5　不规则线时装效果图线稿表现

☑详细设置
绘画品质　　　4（品质优先）▼
边缘硬度　　　　　　　100
最小浓度　　　　　　　　0
最大浓度笔压　　　　100%
笔压 硬<=>软　　　　　0
笔压：☐浓度 ☑直径 ☐混色

图 2-6　笔压为 0

绘画品质　　　4（品质优先）▼
边缘硬度　　　　　　　100
最小浓度　　　　　　　　0
最大浓度笔压　　　　100%
笔压 硬<=>软　　　　100
笔压：☐浓度 ☑直径 ☐混色

图 2-7　笔压为 100

绘画品质　　　4（品质优先）▼
边缘硬度　　　　　　　100
最小浓度　　　　　　　　0
最大浓度笔压　　　　100%
笔压 硬<=>软　　　　200
笔压：☐浓度 ☑直径 ☐混色

图 2-8　笔压为 200

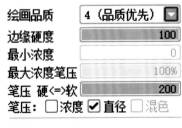

图 2-9　笔压 0 ～ 200 对比（从左到右）

2.2 服装褶皱的表现

服装褶皱大致分为衣纹和衣褶两种。在时装效果图用线的过程中，应学会如何处理衣纹和衣褶的问题，特别是在表现一些棉麻类服装造型时衣纹和衣褶常常混淆在一起，对于初学者来讲，取舍和主次关系很难把握。

2.2.1 衣纹

衣纹是人体运动时所引起的衣服表面的衣纹变化，这些起伏变化直接反映着人体运动幅度的大小及人体各个部位的形态，当人体处于某种运动状态时，由于各个部位对衣服产生伸拉作用而导致衣服的各个部位出现了松紧量，这种松紧量的表现形式就是衣纹，衣纹一般多出现在人体四肢的关节处、胸部、腰部及臀部。

在时装效果图中，由于服装的面料质感的多样，其衣纹的表现形式也各具特色，这就必然给效果图的用线带来一定的难度，假如对于每一种面料所产生衣纹感觉都如实表现的话，那将会产生用线的混乱。因此，需要我们对于众多的服装面料从材料、物理性能及外观效应等方面进行系统的分类和归纳，正如上面所讲到的那样，要善于总结出主要的几种类别的衣纹形态，选用几种相对应的用线进行概括地表现。[5]

2.2.2 衣褶

衣褶和衣纹有着本质的区别。如果说衣纹是反映服装面料的质感和人体运动的状态所自然产生的话，那么，衣褶则是服装设计的表达方式和结构特征的人为创作的结果。因此，衣褶与服装的造型、工艺手段有着直接的关系，常见的衣褶一般分为活褶和死褶两种。活褶是指用绳、松紧带或其他手段通过抽系、折叠而形成的无规律的褶，这种褶给人的感觉是自然而洒脱的；死褶是运用服装工艺而制成的有规律的褶，这种褶给人的感觉是严谨而规整的。以上两种衣褶都属于服装设计的范畴，也是现代服装设计中重要的表达形式之一。

在服装效果图的用线中，对于衣纹和衣褶的表现是有区别的。衣纹的表现应力求简化和省略；衣褶则应如实地表现清楚。在一幅效果图中，衣纹和衣褶常常是并存的，但过多的衣纹又会扰乱服装结构（如缝子、省道、开衩等）的表现。因此，在用线时要注意取舍，当衣纹和衣褶产生矛盾时，衣纹应让位于衣褶，避免用线上的喧宾夺主，以突出和强化服装的造型结构为目的。

2.2.2.1　衣褶一步骤图

（1）首先在图层1上用浅色线画出褶皱，做草稿（图2-10）。

（2）画出自然垂下的衣褶（图2-11）。

（3）新建图层2，描线（图2-12）。

（4）将后面遮住的褶皱线画出来，最后将图层1隐藏或删除，留下图层2线稿（图2-13）。

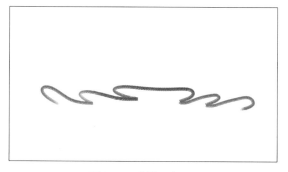

图2-10　衣褶一步骤1

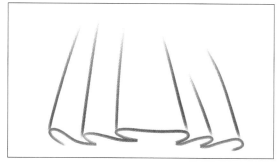

图2-11　衣褶一步骤2

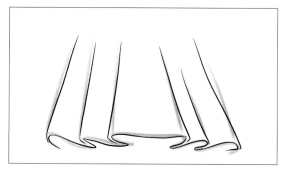

图2-12　衣褶一步骤3

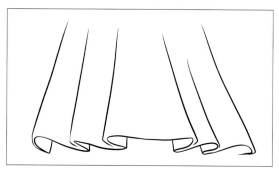

图2-13　衣褶一步骤4

2.2.2.2　衣褶二步骤图

（1）首先在图层1上用浅色线画出衣服走向和弧度，做草稿（图2-14）。

（2）新建图层2，画褶皱，数量可多可少（图2-15）。

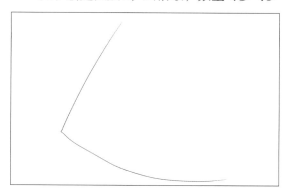

图2-14　衣褶二步骤1

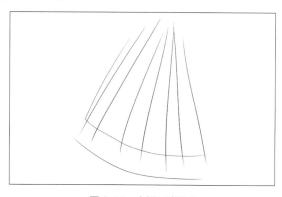

图2-15　衣褶二步骤2

（3）新建图层3，将图层1和图层2的透明度降低，方便勾线，衣褶下画同方向波浪形规律褶皱，方向可向左或向右（图2-16）。

（4）最后，补充下垂的线条和被遮住的线（图2-17）。

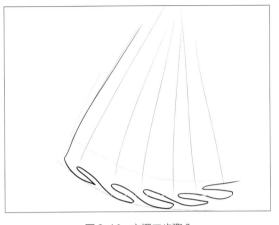

图 2-16　衣褶二步骤 3

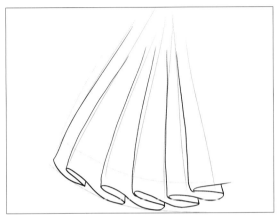

图 2-17　衣褶二步骤 4

2.2.2.3　衣褶三步骤图

衣褶三与衣褶二相似，绘制下摆线条时，不露出衣褶内部结构（图2-18～图2-21）。

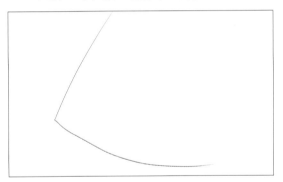

图 2-18　衣褶三步骤 1

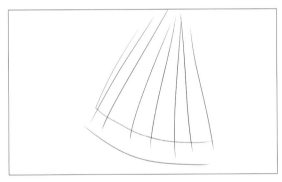

图 2-19　衣褶三步骤 2

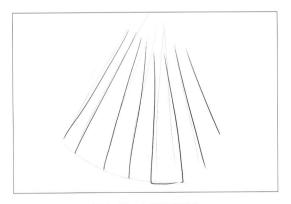

图 2-20　衣褶三步骤 3

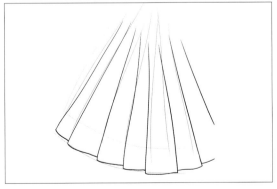

图 2-21　衣褶三步骤 4

2.2.2.4　衣褶四步骤图

（1）勾出衣褶线条（图2-22）。

（2）选择选区工具，选择选区，铺底色（图2-23）。

（3）选择合适的颜色上第一层阴影，用笔或水彩笔或模糊工具，把阴影晕染开来（图2-24）。

（4）然后上第二层阴影，选更深一些的颜色（图2-25）。

（5）上第三层阴影，主要画在交叉层叠较密集的地方。之后再适当添加一些反光（图2-26）。

（6）最后，新建发光图层，适当降低透明度，提亮亮部（图2-27）。

图 2-22　衣褶四步骤 1

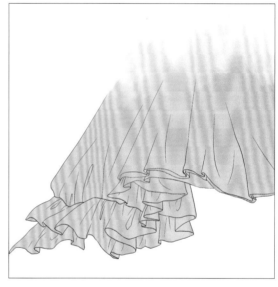

图 2-23　衣褶四步骤 2

图 2-24　衣褶四步骤 3

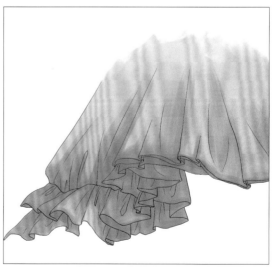

图 2-25　衣褶四步骤 4

图 2-26　衣褶四步骤 5

图 2-27　衣褶四步骤 6

2.2.2.5　衣褶五步骤图

衣褶五与衣褶四相似，更注重体现服装的缩褶工艺及明暗的起伏，如图 2-28～图 2-37 所示。

图 2-28　衣褶五步骤 1

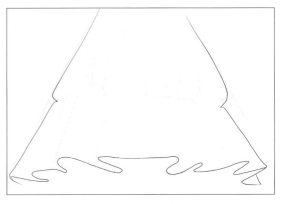

图 2-29　衣褶五步骤 2

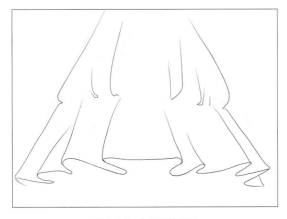

图 2-30　衣褶五步骤 3

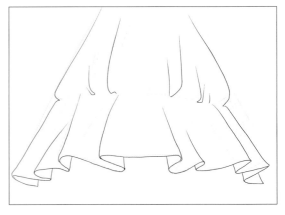

图 2-31　衣褶五步骤 4

图 2-32　衣褶五步骤 5

图 2-33　衣褶五步骤 6

图 2-34　衣褶五步骤 7

图 2-35　衣褶五步骤 8

图 2-36　衣褶五步骤 9

图 2-37　衣褶五步骤 10

2.2.2.6 褶皱的表现

褶皱的表现如图2-38所示。

（a）

（b）

（c）

（d）

图 2-38　褶皱的表现

2.3　服装配饰的表现

2.3.1　墨镜步骤图

墨镜线稿如图2-39所示。

（1）在线稿的基础上，平铺底色（图2-40）。

（2）将面部、头发和衣服的颜色绘制完整，然后开始绘制饰品部分（图2-41）。

（3）画出墨镜里的反光，反光颜色基本是墨镜本身的颜色（图2-42）。

图2-39　墨镜线稿

图2-40　墨镜上色图1

图2-41　墨镜上色图2

图2-42　墨镜上色图3

（4）增强墨镜的镜面反光（图2-43）。

（5）继续增强墨镜的反光及透出的眼睛的细节（图2-44）。

（6）最后画竖状的反光，也可以斜着画（图2-45）。

图 2-43　墨镜上色图 4　　　　　图 2-44　墨镜上色图 5　　　　　图 2-45　墨镜上色图 6

2.3.2　头饰一步骤图

头饰一线稿图如图2-46所示。

（1）在线稿的基础上，平铺底色（图2-47）。

（2）将面部、头发和衣服的颜色绘制完整，然后开始绘制头饰部分（图2-48）。

（3）画头饰明暗关系，并绘制一些高光，表现出麻花结头饰的厚度、前后的阴影感、头饰的转折过渡（图2-49）。

（4）画麻花结头饰的细节，勾勒出一根根丝的感觉（图2-50）。

（5）新建图层，在白色麻花头饰上添加不同颜色的股，丰富画面效果（图2-51）。

（6）最后再加深阴影，完成效果如图2-52所示。

图 2-46　头饰线稿　　　　　　　图 2-47　头饰上色图 1　　　　　图 2-48　头饰上色图 2

图 2-49 头饰上色图 3

图 2-50 头饰上色图 4

图 2-51 头饰上色图 5

图 2-52 头饰上色图 6

2.3.3 头饰二步骤图

头饰二线稿图如图 2-53 所示。

（1）在线稿的基础上，平铺底色（图 2-54）。

（2）将面部、头发和衣服的颜色绘制完整（图 2-55）。

（3）开始绘制头饰部分，在额头处画一条弧线，确定头饰的大形，需围绕头型绘制（图 2-56）。

图 2-53 头饰线稿

图 2-54 头饰上色图 1

图 2-55 头饰上色图 2

图 2-56 头饰上色图 3

（4）绘制紫色花朵，如图所示用厚涂法，先画最深的阴影部分，并定位要画的花朵部分，基本确定头饰的造型（图2-57）。

（5）绘制较浅的颜色花瓣（图2-58）。

（6）绘制最亮的花瓣，注意花瓣形状，注意不要画太多遮盖阴影部分（图2-59）。

（7）添加细节点缀，画完头饰再勾轻盈的发丝，完成效果如图2-60所示。

图 2-57 头饰上色图 4

图 2-58 头饰上色图 5

图 2-59 头饰上色图 6

图 2-60 头饰上色图 7

2.3.4 耳饰步骤图

（1）铺底色，绘制金属耳饰；这里选择的底色是偏土黄色，画出明暗关系（图2-61）。

（2）绘制耳饰的反光，添加些环境色，比如肉色、明亮的橘色（图2-62）。

（3）提亮受光面，选金黄色，并逐渐过渡，加深暗部，选红棕偏黑（图2-63）。

（4）最后，新建发光图层，点上白色、金色高光（图2-64）。

图 2-61　耳饰上色图 1

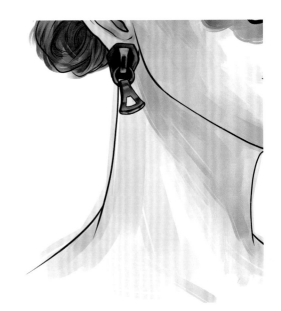

图 2-62　耳饰上色图 2

图 2-63　耳饰上色图 3

图 2-64　耳饰上色图 4

2.3.5　面具的表现步骤图

（1）勾出面具线条，确定面具的造型（图2-65）。

（2）填充底色（图2-66）。

（3）绘制出明暗关系（图2-67）。

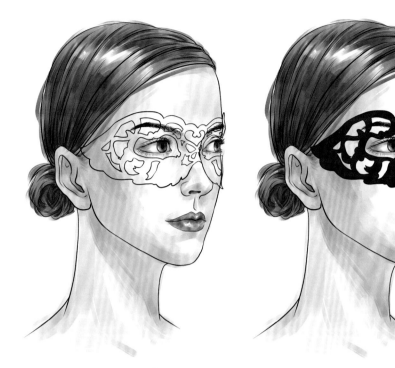

图 2-65　面具线稿　　　　　　　　　　　图 2-66　面具上色图 1

（4）提亮受光面，暗部再加深，增强明暗对比度（图 2-68）。

（5）面具边缘勾出稍亮细线，刻画出厚度（图 2-69）。

图 2-67　面具上色图 2　　　　　　　　　　图 2-68　面具上色图 3

（6）继续添加阴影（图2-70）。

（7）加深更贴近面部间隙的阴影，如鼻翼和颧骨处，增强体积感（图2-71）。

图 2-69　面具上色图 4

图 2-70　面具上色图 5

图 2-71　面具上色图 6

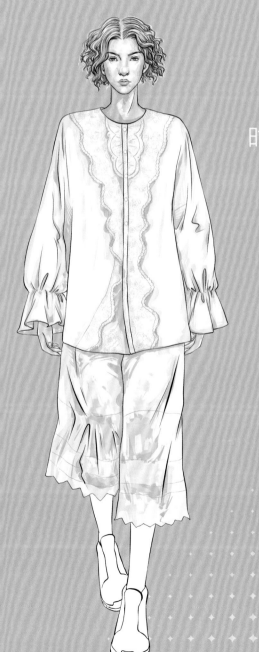

第三章

时装电脑效果图材质表现技法

服装面料质感的表现是时装效果图的重要内容。由于时装效果图表现的是着装后的效果，因此在绘制，要选用相应的表现手法体现面料质感的外观特征，利用不同的绘制工具，形成视觉上的自然质感肌理。[6]

3.1 绸缎的表现

丝绸织物轻薄，手感柔软，色泽鲜艳而稳重，图案精细。丝绸面料的品种多种多样，所呈现的外观效果也不尽相同。但从总体来说，它的光泽好，悬垂性强。表现具有飘逸感的丝绸质感在描绘丝绸面料时，要求勾画线条细腻光滑、流畅，强调面料的轻薄、飘逸的特点。可将这类丝绸面料的服装画成处于飘动状态，从而加强面料的轻盈感。丝绸服装穿在人体上，往往有一边紧贴人体的外形结构，另一边则呈现出展开和下垂状。如配上一根腰带，腰带以上的部分又经常下垂，使腰带部位被下垂的衣服遮住，这是丝绸服装的特点之一。在描绘时，应注意表现这些细节，以得到较好的效果。

在表现具有良好光泽感的绸缎面料时，由于丝绸织物是由蚕丝织成的，具有对光线的反射功能。因此，其具有柔和的光泽，但这种光泽感明显区别于皮革和金属丝等面料。表现绸缎的质感，从表现其柔和光泽入手是十分必要的。注意在描绘其光泽时，不要把明暗反差画得太大，闪光部分避免画得生硬。绸缎的阴影部分，可表现其自然的晕染产生柔和的效果。

在表现具有透明感的丝绸面料时，要抓住这类丝织物薄而透明的特点加以表现。要注意描绘出单层、双层及多层面料重叠后出现的透明感差异。在透明部位，可先用肉色将皮肤色画出，再用其他颜色画出丝绸面料。[7]

线稿图如图3-1所示。

（1）首先，选择魔棒工具选择填色范围，绘制衣服的底色（图3-2）。

（2）画出衣服的亮面、暗面（图3-3）。

（3）选择低饱和度的更亮的颜色，提亮服装（图3-4）。

（4）调整细节，绘制丝绸面料的反光，丝绸薄纱布料的反光并不强烈，要注意颜色的过渡（图3-5）。

（5）最后，可将画笔透明度或新建图层的透明度降低，在与皮肤重叠的地方画薄薄的肤色，体现丝绸薄纱的质感（图3-6）。

图 3-1　线稿图

图 3-2　丝绸面料上色步骤 1

图 3-3　丝绸面料上色步骤 2

图 3-4　丝绸面料上色步骤 3

图 3-5　丝绸面料上色步骤 4

图 3-6　丝绸面料上色步骤 5

3.2 皮革的表现

皮革面料主要特征在于它光滑的外观和有较强的光泽。特别是皮革服装穿着于人体后在四肢屈伸处起褶皱的地方易产生高光。动物皮革比人造皮革光感柔和。表现皮革面料的质感，抓住光泽感是关键。皮革属于比较厚的面料，所以皮革服装上的衣纹比较硬而圆浑，其所产生的高光也显得较生硬。另外，也可用简练、概括、省略的表现手法，不追求完全写实的效果（图3-7~图3-11）。[5]

（1）填充底色，这里画黑皮裤（图3-7）。

（2）画第一层明暗关系，把体积画出来（图3-8）。

（3）增强明暗层次，把层次拉开（图3-9）。

（4）调整细节，绘制褶皱起伏关系，这里是薄皮裤，褶皱较多（图3-10）。

（5）由于皮革光泽感很强，新建发光图层，调好适当透明度，再勾勒高光（图3-11）。

图3-7 皮革上色步骤1

图3-8 皮革上色步骤2

图3-9 皮革上色步骤3

图 3-10　皮革上色步骤 4

图 3-11　皮革上色步骤 5

3.3 格子呢的表现

方格呢手感舒适、厚实，纹样秩序感强，给人以温暖感，用途广泛。先交错画出格纹；依序绘制不同颜色的纹路，并用不同色系的颜色在各色格子中画出斜线，以表现织物的质感；用断续线画出相交的十字线。在表现格子呢时要注意透视关系，方格线要一笔一笔按面料纹路的走向来画（图 3-12 ~ 图 3-15）。[6]

（1）绘制时装人体，勾勒时装的基本款式（图 3-12）。

（2）填充底色，这里选择黑色（图 3-13）。

（3）新建图层，画第二种颜色。这里底色是深色，所以选择相对较浅的灰色，也可以根据个人喜好选择其他颜色。用浅灰色画断断续续、横竖距离不一的线条，线条要有疏有密（图 3-14）。

（4）新建图层，画第三种颜色，要拉开与第二种颜色的色彩明度，用更浅的颜色画断断续续、横竖距离不一的线条（图 3-15）。

图 3-12　线稿

图 3-13　格子呢上色步骤 1

图 3-14　格子呢上色步骤 2

图 3-15　格子呢上色步骤 3

3.4 纱与蕾丝的表现

　　薄纱类面料分为软、硬两种，在用线时要有所区分。描绘薄纱时画笔透明度要设置较高。应注重对薄纱透明感的表现，一般先画好人体皮肤色和被纱包裹住的部分颜色，再在纱的部分薄薄地涂上颜色，并通过透明颜色的反复叠加表现出多层次的透明感，最后勾画轮廓和细节。蕾丝精致而繁复，表现上具有一定的难度，既要展现蕾丝的花型与质感，又要考虑画面的整体效果。绘制时一般是将蕾丝与刺绣的位置、大体的图案结构和色调表现出来就可以了，可以局部强调蕾丝的立体效果，注意虚实结合和前后层次关系的表现（图3-16 ~ 图3-21）。[9]

3.4.1 硬纱的表现

　　硬纱的上色步骤如图3-16、图3-17所示。

图3-16 硬纱上色步骤1

图3-17 硬纱上色步骤2

3.4.2 蕾丝的表现

（1）勾勒有规律的花纹，利用领口处阴影，可在阴影处点白色，体现蕾丝镂空的洞透过光的感觉。这里画微透视装蕾丝上衣，所以画衣服前先画好肤色（图3-18）。

（2）画好有规律的主蕾丝，剩下的其他蕾丝可画好一个以后复制粘贴（图3-19）。

（3）在主蕾丝旁边画细碎小蕾丝过渡线条（图3-20）。

（4）最后新建图层，将上衣填白，降低适当透明度（图3-21）。

图 3-18 蕾丝上色步骤 1　　　　　　　图 3-19 蕾丝上色步骤 2

图 3-20 蕾丝上色步骤 3　　　　　　　　图 3-21 蕾丝上色步骤 4

3.5 针织面料的表现

　　针织物由相互穿套的纱线线圈构成，具有一般织物没有的伸缩性和悬垂感。在画针织面料服装时，主要应注意其自身的纹理变化，肌理感强的棒针手编织物、精细而柔软的羊绒织物、透气而舒适的棉毛混纺织物都要用不同的技法来表现。除了因纱线粗细不同而产生的肌理变化外，表现重点还应集中在针织物特有的针法变化上，如罗纹、钩花、拧花等织纹效果的表现。针织面料具有良好的弹性，穿着时紧贴人体，有些尽管是宽松的造型，同样能够体现出人体的线条美。其次，针织面料非常柔软，穿着舒适，组织结构自成体系。针织面料的这些特征是表现其质感的关键。由于紧身弹力的针织服装紧贴在人体上，所以可直接在人体上勾画服装的结构线、图案和填色，这样就能够表现其质感。在描绘时要减弱人体的起伏，删除人体表面细小结构和肌肉的起伏。在关节部位，要画出表现服装的一定厚度和衣纹的线条。表现紧身线型的针织服装要将人体的比例姿态画得优美、准确，人体画得好坏是表现紧身服装的关键。为增加针织面料的效果，在涂好的色块上画上一些细密条纹，可增加弹力针织面料的质感（图3-22～图3-26）。[7]

　　（1）范例是选择的一款纹理不是很明显的针织物，选择painter的厚涂颜料笔刷，先填充底色（图3-22）。

　　（2）新建图层，绘制明暗关系（图3-23）。

图3-22　针织面料上色步骤1

图3-23　针织面料上色步骤2

（3）调整细节，绘制褶皱关系，这里是厚毛衣，较厚的衣服褶皱会偏少，线条较圆润（图3-24）。

（4）选择厚涂颜料"深度分岔"增强肌理（图3-25）。

（5）完成效果如图3-26所示。

图3-24　针织面料上色步骤3

图3-25　针织上色步骤4

图3-26　针织面料上色步骤5

3.6 棉麻面料的表现

棉麻类面料质地偏硬，表面粗糙，纹理比较清晰，由于色牢度差故以中浅色为主。棉麻面料与粗纺面料相似，只是前者的粗糙感觉显得硬爽而轻薄；后者的粗糙略有绒毛感并较厚重，所以在表现棉麻面料的质感时，可以借鉴粗纺面料的表现方法。只是需稍微减弱一些，以免出现呢绒的效果。最好画出织物的组织纹路，线条要有粗细、虚实的变化（图3-27～图3-31）。[7]

（1）首先上好底色，绘制服装的明暗关系，画出体积感（图3-27）。

（2）进一步刻画明暗，暗的地方再加重，增强立体感。因为褶皱较硬，在暗部的边缘，加一笔较亮，增强质感（图3-28）。

（3）调整细节，画好褶皱关系，棉麻布料反光较弱，可淡淡画（图3-29）。

（4）为了增强质感，在画质质感中选择"水彩2"倍率设置和强度可适当调整（图3-30）。

图3-27 棉麻面料上色步骤1

图3-28 棉麻面料上色步骤2

图3-29 棉麻面料上色步骤3

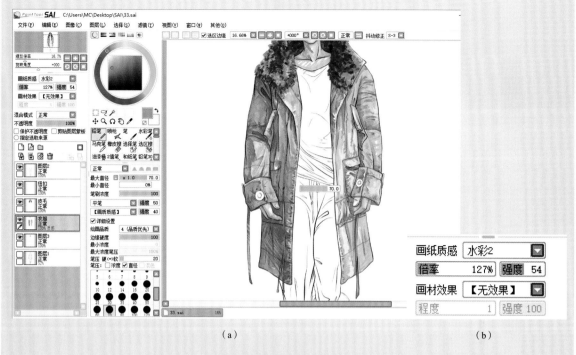

（a）　　　　　　　　　　　　　（b）

图 3-30　棉麻面料上色步骤 4

3.7　牛仔面料的表现

牛仔类织物以斜纹为主，色彩以靛蓝色为主。牛仔面料本身厚而硬挺，但经过漂、洗、磨等工艺的处理，可以使面料由硬变得略软。表现时，服装的外轮廓线要画得干净清晰，衣纹多折线，明暗过渡的色彩可表现得生硬些。牛仔面料的明缉线工艺是它的一大特点，更能体现牛仔服的粗犷风格。表现牛仔类织物，要先画出布重叠处的厚度感，再用黄色或其他颜色画出缉线，之后再用略深于面料的颜色沿缉线边缘画出虚虚实实的投影，从而产生线迹压面料的凹陷感（图3-32～图3-37）[6]。

（1）在Painter中选择油画笔刷中的粗湿驼毛，或找一种能看出线条的粗糙笔刷（图3-31）。线稿如图3-32所示。

（2）蓝色牛仔面料可按衣服纹路竖着画，可以看见

图 3-31　牛仔面料绘制的工具选择

这种笔刷有明显线条感，适合来表现牛仔面料肌理（图3-33）。

（3）选较亮和较暗的两种颜色画明暗关系，牛仔布质感粗糙，光泽感不强，反光也较弱（图3-34）。

（4）进一步加深暗部（图3-35）。

（5）调整细节，找亮面最亮的地方适当提亮（图3-36）。

图3-32　线稿

图3-33　牛仔面料上色步骤1

图3-34　牛仔面料上色步骤2

图3-35　牛仔面料上色步骤3

图3-36　牛仔面料上色步骤4

3.8　毛皮的表现

毛皮类面料给人以绒毛的感觉，要注意边缘的处理。由于毛的长短、曲直、粗细和软硬的不同，其所呈现的外观效果也各异，绘制时可以从毛皮的结构和走向着手，也可以从毛皮的花纹着手描绘，具体的表现方法有很多。[7]

3.8.1　浅色毛皮表现

（1）首先，画好线稿，填充底色（图3-37）。

（2）这里选择Painter软件"炭笔和康特笔"中的"概念艺术抖动平滑"来画皮毛质感（图3-38）。

（3）绘制明暗关系（图3-39）。

（4）加深暗部，注意颜色带点环境色（图3-40）。

图 3-37 毛皮上色步骤 1

图 3-38 毛皮绘制的工具选择

图 3-39 毛皮上色步骤 2

图 3-40 毛皮上色步骤 3

（5）进一步刻画暗部，这里绘制的是浅色黄毛皮，选土黄或偏棕一点的颜色（图3-41）。

（6）增加亮部细节，注意调整明暗关系（图3-42）。

（7）将毛皮线稿擦除或隐藏（图3-43）。

（8）最后调整细节，将画笔调小，在皮毛边缘和明暗交界的地方画细小笔触。注意整理毛皮的形状（图3-44）。

图3-41　毛皮上色步骤4

图3-42　毛皮上色步骤5

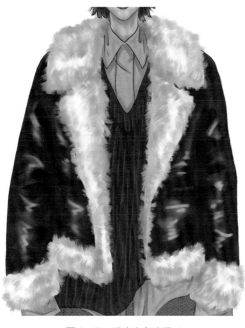

图3-43　毛皮上色步骤6

图3-44　毛皮上色步骤7

3.8.2　深色毛皮表现

（1）绘制一款深色毛皮服装的线稿，绘制模特的皮肤（图3-45）。

（2）填充底色，绘制明暗关系（图3-46）。

（3）加深暗部（图3-47）。

（4）进一步加深暗部（图3-48）。

（5）调小笔刷，绘制亮部细节（图3-49）。

（6）在毛皮边缘、暗部、灰部添加毛边细节（图3-50）。

图3-45　深色毛皮上色步骤1　　　　图3-46　深色毛皮上色步骤2　　　　图3-47　深色毛皮上色步骤3

图3-48　深色毛皮上色步骤4　　　　图3-49　深色毛皮上色步骤5　　　　图3-50　深色毛皮上色步骤6

3.9 镂空面料的表现

　　绘制镂空面料时，要按需要先绘制图案，然后画出底色、皮肤或底下的衣服，最后填充图案，以此表现镂空面料的感觉。

（1）首先绘制服装的线稿（图3-51）。

（2）填充底色，表现服装的明暗关系。裤子处有两截镂空面料，所以提前画好肤色。为了体现裤子薄透材质，布料接近皮肤的地方也画上淡淡的肤色（图3-52）。

（3）先新建图层1，绘制上衣。可在网上找蕾丝图案素材，放到上面调整好大小，勾出一组完整的花纹，然后复制粘贴填满需要蕾丝部分（图3-53）。

（4）再新建图层2，将图层1隐藏。画蕾丝底纹，可画细小方格、五边形。先画一小部分完整的，然后复制粘贴，填满全部蕾丝部分（图3-54）。

（5）将图层1显示出来，把图层1放在图层2的上面，调整图层2的透明度至合适的效果（图3-55）。

（6）在图层1上用魔棒选择蕾丝花纹，填充颜色，这里选择白色，上衣部分完成（图3-56）。

（7）开始绘制裤子。新建图层，在镂空处画细小方格底纹（图3-57）。

（8）新建图层，在镂空处画简单花纹，按图案的规律和顺序画完。完成镂空面料裤子的绘制（图3-58）。

图3-51　线稿

图3-52　镂空面料上色步骤1

图3-53　镂空面料上色步骤2

图 3-54　镂空面料上色步骤 3　　　　图 3-55　镂空面料上色步骤 4　　　　图 3-56　镂空面料上色步骤 5

图 3-57　镂空面料上色步骤 6　　　　　　图 3-58　镂空面料上色步骤 7

3.10 图案面料的表现

在时装效果图中，图案、花型只需表现出的整体感觉即可。面料上的图案大致分两种：一种是大花型或者称为定位装饰图案，在服装中的肩部、胸部、腰部或其他部位出现。这类花型的表现，应采用写实的手法，根据花型的大小和形状，仔细描绘，要注意绘制时根据人体的起伏线条，花型作一定的透视处理；另一种细碎的图案花型称为满地图案，将面料图案花型的总体感觉画出来，也可以有主次地表现花型，不是将所有的花型填满整套服装，而是在某些部位集中表现，有些部位则留出空白，产生虚实的效果。[6]

3.10.1 定位花型的表现

（1）绘制线稿，先画服装部分（图3-59）。

（2）填好底色，绘制服装的明暗关系（图3-60）。

（3）绘制豹纹的花纹，大部分由三小瓣呈椭圆形的形状组合在一起，互相不连接，中间有空隙。单瓣的形状像豌豆或腰果。然后添加几个四瓣形、两三个两瓣形，以丰富花纹的变化（图3-61）。

（4）新建图层，在中间空隙处画橘色、土黄豹纹斑点，不用全部填充（图3-62）。

（5）加深明暗关系（图3-63）。

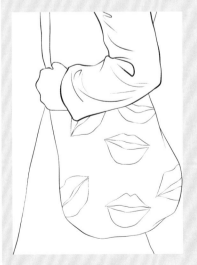

图3-59 线稿

图3-60 定位花型上色步骤1

图3-61 定位花型上色步骤2

图 3-62　定位花型上色步骤 3

图 3-63　定位花型上色步骤 4

3.10.2　毛绒材质表现

毛绒材质表现为包体，如图 3-64～图 3-67 所示。

（1）填充包的底色，注意表现出明暗关系（图 3-64）。

（2）嘴唇花纹图案立体感较强，用小笔画细小毛绒，画出嘴唇花纹图案的明暗面（图 3-65）。

（3）包身部分，用小笔画细小绒毛，增加包边缘的毛绒感，画出边缘的绒毛（图 3-66）。

（4）调整细节，刻画出包的柔软感，加深暗部（图 3-67）。

图 3-64　定位花型上色步骤 5

图 3-65　定位花型上色步骤 6

图 3-66　定位花型上色步骤 7

图 3-67　定位花型上色步骤 8

3.10.3　满地图案的表现案例一

（1）绘制线稿（图3-68）。

（2）填充底色（图3-69）。

（3）快速地添加简单阴影（图3-70）。

（4）确定花型图案位置，绘制出颜色最深和最浅的地方（图3-71）。

（5）新建图层，勾出其他颜色，注意不要盖住太多第一层花纹（图3-72）。

（6）再新建图层，点缀细节（图3-73），笔刷参考如图3-74所示。

图 3-68　线稿

图 3-69　满地图案上色步骤 1

图 3-70　满地图案上色步骤 2

图 3-71　满地图案上色步骤 3

图 3-72　满地图案上色步骤 4

图 3-73　满地图案上色步骤 5

图 3-74　笔刷参考

3.10.4　满地图案的表现案例二

满地图案的表现案例二如图 3-75 ~ 图 3-82 所示。

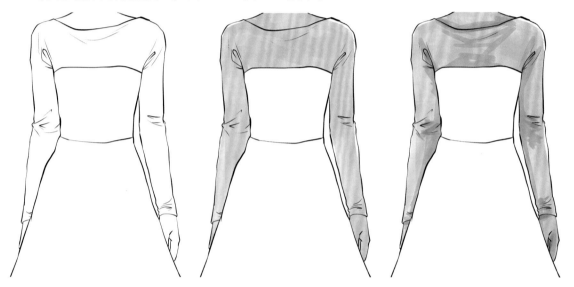

图 3-75　线稿　　　　　　图 3-76　满地图案上色步骤 1　　　　　图 3-77　满地图案上色步骤 2

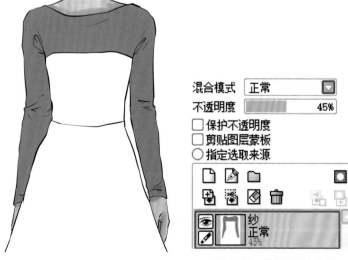

图 3-78　满地图案上色步骤 3　　　图 3-79　纱的透明度设置

图 3-80　满地图案上色步骤 4　　　　图 3-81　满地图案上色步骤 5　　　　图 3-82　满地图案上色步骤 6

第四章

服饰品电脑效果图的设计与表现

4.1 头饰效果图的设计与表现

头饰效果图的设计与表现如图4-1~图4-9所示。

（a）线稿图 　　　　　　　　　　　　　　　（b）上色图

图4-1　头饰图例1

（a）线稿图 　　　　　　　　　　　　　　　（b）上色图

图4-2　头饰图例2

（a）线稿图　　　　　　　　　　　　（b）上色图

图 4-3　头饰图例 3

（a）线稿图　　　　　　　　　　　　（b）上色图

图 4-4　头饰图例 4

（a）线稿图　　　　　　　　　　　　（b）上色图

图 4-5　头饰图例 5

（a）线稿图　　　　　　　　　　　（b）上色图

图 4-6　头饰图例 6

（a）线稿图　　　　　　　　　　　（b）上色图

图 4-7　头饰图例 7

（a）线稿图　　　　　　　　　　　（b）上色图

图 4-8　头饰图例 8

（a）线稿图 （b）上色图

图4-9 头饰图例9

4.2 包配效果图的设计与表现

包配效果图的设计与表现如图4-10～图4-18所示。

（a）线稿图 （b）上色图

图4-10 包配图例1

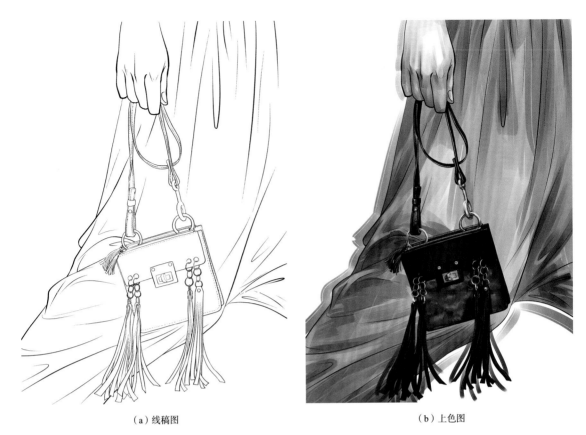

（a）线稿图　　　　　　　　　　　　　　　　（b）上色图

图 4-11　包配图例 2

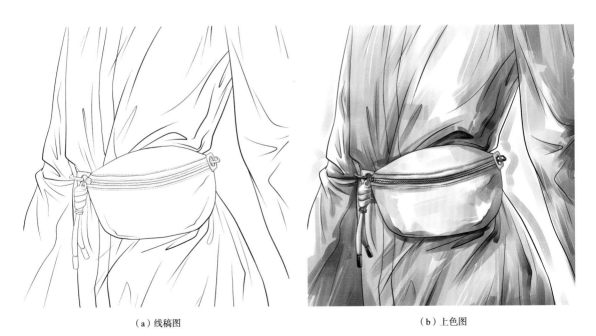

（a）线稿图　　　　　　　　　　　　　　　　（b）上色图

图 4-12　包配图例 3

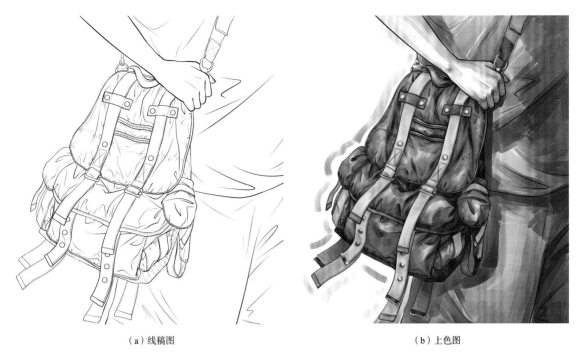

（a）线稿图　　　　　　　　　　　　　　　　　（b）上色图

图 4-13　包配图例 4

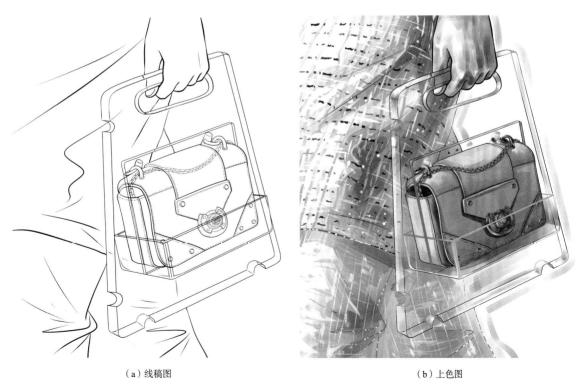

（a）线稿图　　　　　　　　　　　　　　　　　（b）上色图

图 4-14　包配图例 5

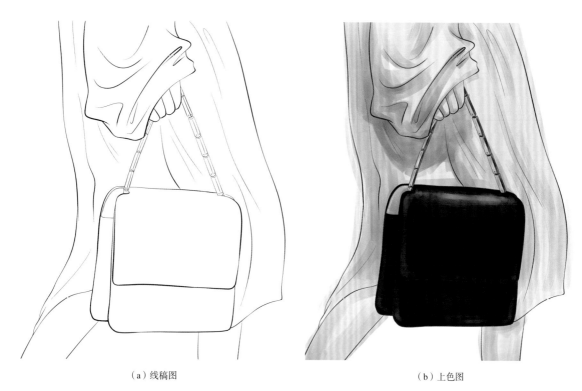

（a）线稿图　　　　　　　　　　　　　　　（b）上色图

图 4-15　包配图例 6

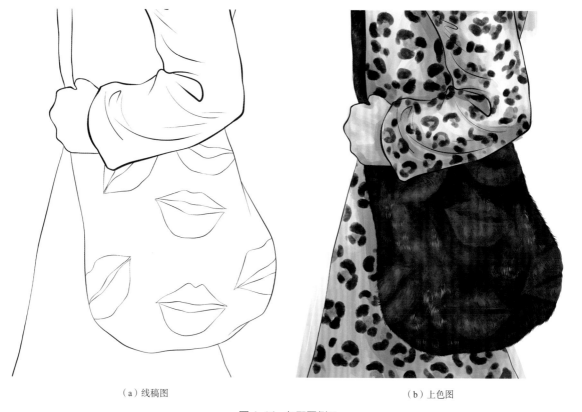

（a）线稿图　　　　　　　　　　　　　　　（b）上色图

图 4-16　包配图例 7

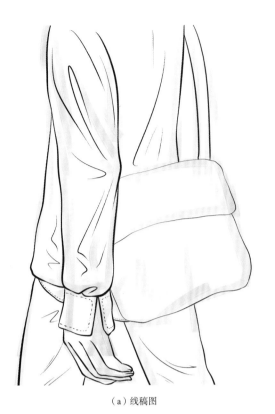

（a）线稿图　　　　　　　　　　　　　　　　　（b）上色图

图 4-17　包配图例 8

（a）线稿图　　　　　　　　　　　　　　　　　（b）上色图

图 4-18　包配图例 9

4.3 鞋饰效果图的设计与表现

鞋饰效果图的设计与表现如图4-19～图4-25所示。

（a）线稿图   （b）上色图

图4-19　鞋饰图例1

（a）线稿图   （b）上色图

图4-20　鞋饰图例2

（a）线稿图　　　　　　　　　　　（b）上色图

图 4-21　鞋饰图例 3

（a）线稿图　　　　　　　　　　　（b）上色图

图 4-22　鞋饰图例 4

（a）线稿图　　　　　　　　　　　（b）上色图

图 4-23　鞋饰图例 5

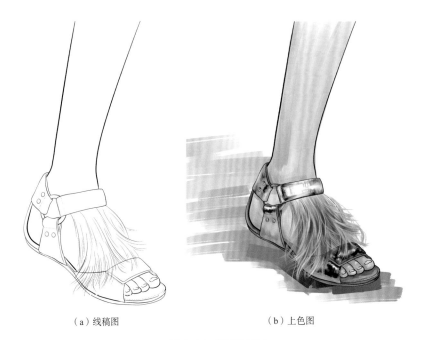

（a）线稿图　　　　　　　　　　（b）上色图

图 4-24　鞋饰图例 6

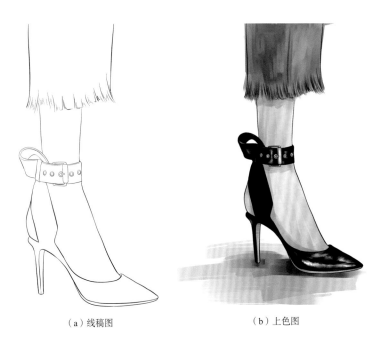

（a）线稿图　　　　　　　　　　（b）上色图

图 4-25　鞋饰图例 7

第五章

时装电脑效果图的设计与表现

5.1 女装效果图的设计与表现

女装效果图的设计与表现如图 5-1 ~ 图 5-24 所示。

（a）线稿图

（b）上色图

图 5-1 女装效果图图例 1

（a）线稿图　　　　　　　　　　　　　　（b）上色图

图 5-2　女装效果图图例 2

（a）线稿图　　　　　　　　　　　　　　　　　　　　（b）上色图

图 5-3　女装效果图图例 3

（a）线稿图　　　　　　　　　　　　（b）上色图

图 5-4　女装效果图图例 4

（a）线稿图　　　　　　　　　（b）上色图

图 5-5　女装效果图图例 5

（a）线稿图　　　　　　　　　　　　　（b）上色图

图 5-6　女装效果图图例 6

（a）线稿图　　　　　　　　　　　　　　　　（b）上色图

图 5-7　女装效果图图例 7

（a）线稿图　　　　　　　　　　　　　　　（b）上色图

图 5-8　女装效果图图例 8

（a）线稿图　　　　　　　　　　　　　　　　（b）上色图

图 5-9　女装效果图图例 9

（a）线稿图   （b）上色图

图 5-10　女装效果图图例 10

（a）线稿图 　　　　　　　（b）上色图

图 5-11　女装效果图图例 11

（a）线稿图　　　　　　　　　　　（b）上色图

图 5-12　女装效果图图例 12

（a）线稿图　　　　　　　　　　　　　（b）上色图

图 5-13　女装效果图图例 13

（a）线稿图　　　　　　　　　　　　（b）上色图

图 5-14　女装效果图图例 14

（a）线稿图 　　　　（b）上色图

图 5-15　女装效果图图例 15

（a）线稿图　　　　　　　　　　　　　　　　　　　（b）上色图

图 5-16　女装效果图图例 16

（a）线稿图 （b）上色图

图 5-17 女装效果图图例 17

（a）线稿图　　　　　　　　　　（b）上色图

图 5-18　女装效果图图例 18

（a）线稿图　　　　　　　　　　　　　（b）上色图

图 5-19　女装效果图图例 19

（a）线稿图　　　　　　　　　　　　　（b）上色图

图 5-20　女装效果图图例 20

（a）线稿图　　　　　　　　　　　　　　　（b）上色图

图 5-21　女装效果图图例 21

（a）线稿图 （b）上色图

图 5-22 女装效果图图例 22

（a）线稿图 　　　　　　　　（b）上色图

图 5-23　女装效果图图例 23

（a）线稿图　　　　　　　　　　　　（b）上色图

图 5-24　女装效果图图例 24

5.2 男装效果图的设计与表现

男装效果图的设计与表现如图5-25～图5-45所示。

（a）线稿图

（b）上色图

图5-25 男装效果图图例1

（a）线稿图　　　　　　　　　　　（b）上色图

图 5-26　男装效果图图例 2

（a）线稿图 　　　　　　　　　　　　　　　　　　　（b）上色图

图 5-27　男装效果图图例 3

（a）线稿图　　　　　　　　　　　　　　　（b）上色图

图 5-28　男装效果图图例 4

（a）线稿图 （b）上色图

图 5-29 男装效果图图例 5

（a）线稿图　　　　　　　　　　　（b）上色图

图 5-30　男装效果图图例 6

（a）线稿图 　　　　　　　　　　　　　　（b）上色图

图 5-31　男装效果图图例 7

（a）线稿图　　　　　　　　　　　　　　　（b）上色图

图 5-32　男装效果图图例 8

（a）线稿图　　　　　　　　　　　　　（b）上色图

图 5-33　男装效果图图例 9

（a）线稿图   （b）上色图

图 5-34 男装效果图图例 10

（a）线稿图 　　　　　　　　　　　（b）上色图

图 5-35　男装效果图图例 11

（a）线稿图　　　　　　　　　　　　　（b）上色图

图 5-36　男装效果图图例 12

（a）线稿图 　　　　　　　　（b）上色图

图 5-37　男装效果图图例 13

（a）线稿图　　　　　　　　　　　　　　　　（b）上色图

图 5-38　男装效果图图例 14

（a）线稿图 　　　　　　　　　　　（b）上色图

图 5-39　男装效果图图例 15

（a）线稿图　　　　　　　　　　　（b）上色图

图 5-40　男装效果图图例 16

（a）线稿图   （b）上色图

图 5-41　男装效果图图例 17

（a）线稿图　　　　　　　　　　　　　　（b）上色图

图 5-42　男装效果图图例 18

（a）线稿图　　　　　　　　　　　（b）上色图

图 5-43　男装效果图图例 19

（a）线稿图　　　　　　　　　（b）上色图

图 5-44　男装效果图图例 20

（a）线稿图　　　　　　　　　　　　　　　（b）上色图

图 5-45　男装效果图图例 21

5.3 童装效果图的设计与表现

童装效果图的设计与表现如图5-46～图5-60所示。

（a）线稿图

（b）上色图

图 5-46 童装效果图图例 1

（a）线稿图　　　　　　　　　　　　　　（b）上色图

图 5-47　童装效果图图例 2

（a）线稿图　　　　　　　　　（b）上色图

图 5-48　童装效果图图例 3

（a）线稿图　　　　　　　　　　　　　　（b）上色图

图 5-49　童装效果图图例 4

（a）线稿图　　　　　　　　　　　　　　　（b）上色图

图 5-50　童装效果图图例 5

（a）线稿图 　　　　　　　　　　（b）上色图

图 5-51　童装效果图图例 6

（a）线稿图　　　　　　　　　　　（b）上色图

图 5-52　童装效果图图例 7

（a）线稿图　　　　　　　　　　　（b）上色图

图 5-53　童装效果图图例 8

（a）线稿图 　　　　　　　　　　　　　　　（b）上色图

图 5-54 童装效果图图例 9

（a）线稿图　　　　　　　　　　　（b）上色图

图 5-55　童装效果图图例 10

（a）线稿图 　　　　　　　　　　（b）上色图

图 5-56　童装效果图图例 11

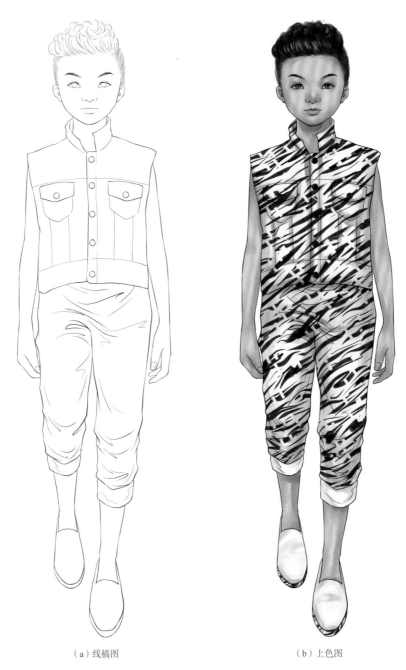

（a）线稿图   （b）上色图

图 5-57　童装效果图图例 12

（a）线稿图 （b）上色图

图 5-58 童装效果图图例 13

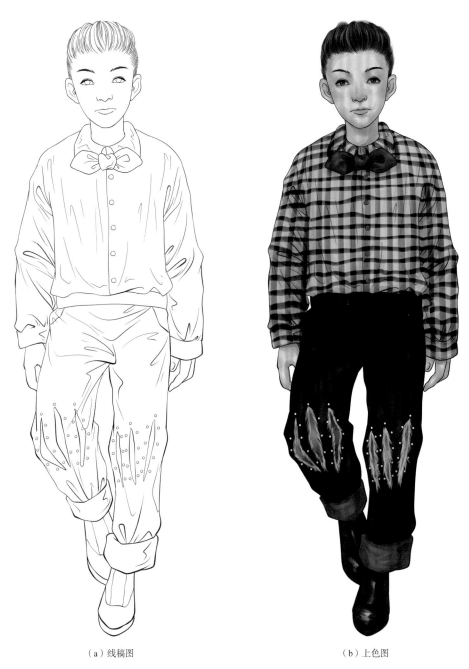

（a）线稿图　　　　　　　　　　　（b）上色图

图 5-59　童装效果图图例 14

图 5-60　童装效果图图例 15

参考文献

［1］董哲.时装画手绘技法专业教程［M］.北京：人民邮电出版社，2014.

［2］陈天勋，陈瑶.Painter现代服装效果图表现技法［M］.北京：人民邮电出版社，2013.

［3］黄春岚，胡艳丽.服装效果图技法［M］.北京：中国纺织出版社，2015.

［4］蔡凌霄.手绘时装画表现技法［M］.南昌：江西美术出版社，2008.

［5］刘元风，吴波.服装效果图技法［M］.武汉：湖北美术出版社，2001.

［6］刘红，刘阳.服装画技法［M］.北京：北京理工大学大学出版社，2016.

［7］张宏，陆乐.服装画技法［M］.北京：中国纺织出版社，1997.

［8］王悦.时装画技法［M］.上海：东华大学出版社，2014.

［9］特赖因恩—彭达维斯.数位板这样玩：Photoshop+Painter数码手绘必修课［M］.刁臣宏
　　　等译.北京：人民邮电出版社，2015.

［10］殷薇，陈东生.服装画技法［M］.上海：东华大学出版社，2016.